青青子衿

汉·服·写·真·集

漫友文化 编

U0333213

SPM
南方出版传媒
新世纪出版社
·广州·

出镜：弥秋君
摄影师：机地

汉服之美，四时皆宜。
裁剪冰绡，轻叠数重，淡著燕脂匀注。
新样靓妆，艳溢香融，羞杀蕊珠宫女。
青青子颜，悠悠我情。
用镜头，捕捉汉服每一个美丽的瞬间。

出镜：弥秋君

摄影师：赏味期先生

摄影师：机地

摄影师：机地

摄影师：赏味期先生

摄影师：赏味期先生

摄影师：赏味期先生

目录

穿上汉服，我们去旅行吧！

古代人每当遇上大型节日之时，总会云鬟轻挽，裙裾飘飞，身着汉服，约上三两知己去赏花赏月赏佳人，怡心又怡情。现代的人出去旅行，更多时候却只顾着拍照传上网，很少感受彼此的心声。如果穿上汉服后，一切似乎就会不同！可以用眼睛、耳朵和心灵去感受汉服所蕴含的『礼仪之邦』『锦绣中华』的美，去触摸让我们最引以为傲的汉文化，从而把专注力放在旅游的真实感受上。

在春夏适合踏青的时节，身穿华服，相伴坐在桃树下，周围是万紫千红。我们不要介意回头率高、被人拉去拍照的问题。最重要的是沉下心来，体会旅游的风雅。不想在人群中过于引人注目的女孩子可以选择『短褙子＋抹胸＋裙、裤』的穿着搭配，褙子类似于西装中的夹衫，在暮春还带有一丝丝寒冷的时候起到保暖的作用。如果喜欢俏丽颜色的女孩子可以选择齐胸襦裙，不仅种类繁多，花色也繁多，穿在身上，颇有大家闺秀的淑女气质，随处一站，都会是一道亮丽的风景线。如果要爬山、涉水，需要做一些剧烈运动的时候，男孩子可以选择『半臂交领上襦＋裤』，女孩子可以选择『长袖交领上襦＋裙』的搭配。

在秋冬适合赏枫叶、赏雪景的时节，在漫山红叶或者一片茫茫白雪的衬托下，我们可以穿颜色鲜亮，但又实用保暖的汉服。在冬天里，袄裙就是『人气王』，袄子的内衬可以加棉和丝绒，再配搭马面裙，抵抗寒冷是一流水准。在下雪的时候，还可以加一件披风在外面。喜欢穿曲裾的朋友最适合在冬季出没。在其他人已经裹成粽子样的时候，你还能穿着保暖系数高的曲裾，婀娜多姿，富有美感。

穿汉服去旅游，不是一种仿古，而是一种新时尚！和一群志同道合的『汉服控』们穿上汉服踏上旅途，收获到的绝对不止一点点！

点绛唇

轻纱薄翼，白练飘扬。
衣上水墨染进，白鹤亮翅。

纤纤素手，琴音袅袅。

眉弯新月，鬓绾新云。

凝眸处，几分情意缠绕。
倚兰亭，何以慰相思。

耍红绸，舞翩跹。

眼波如秋水，小口如樱桃。
绿叶枝头笑花开。

白衣影惊鸿，
长袖折扇挽清风。

身姿卓越，眸光凌厉。

难言疏狂风骨傲。
无意风雨雪，且看云卷舒。

摄影师

当小时

兴趣爱好：爱好一切新鲜有趣的地方和人、事、物，想成为一名有钱有爱的艺术家。

摄影代表作品：《白雪凝》《妙香佛国》

模特

姚璇—西子

兴趣爱好：国学、COSPLAY

模特代表作品：在微电影《花千骨》中饰演花千骨一角，在话剧《择天记》中饰演小白龙一角。

袄裙

袄裙是指上衣在裙子之外的女装。

袄，有衬里的上衣。

教程由汉尚华莲汉服独家提供

模特：韵泽

摄影师：莹莹

化妆师：桃花

第一课

妆容教程

袄裙适合一些比较淡雅俏丽的妆容，所以这次选取的化妆品色调都是偏浅色系的，在做好洁面和简单的皮肤日常护理后，我们就可以开始上妆。

1. 用粉底、遮瑕膏等做好底妆的准备，由于汉服的妆容偏白，所以选择颜色偏浅的粉底即可。借助粉扑在脸部均匀地涂抹好粉底，最后一步需均匀地上定妆粉，这样基本的底妆准备便完成啦。

2. 底妆完成后，我们可以开始画眉。比较适合汉服的眉毛是弯弯的柳叶眉，当然你也可以根据自己的脸型挑选现在流行的一字眉，但切记不要画得太浓太粗，建议可用眉笔画好眉型再用眉粉填充。

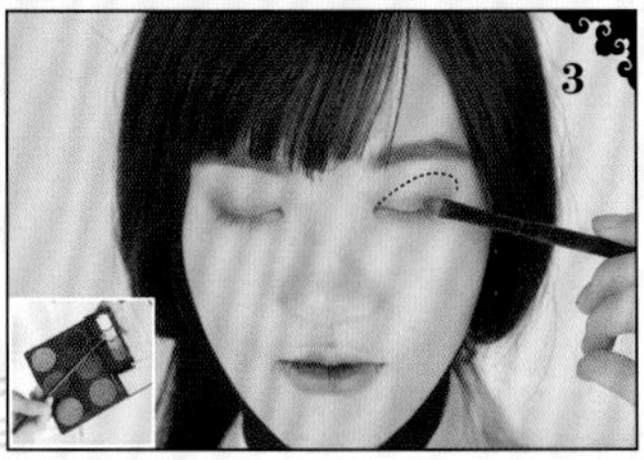

3. 眉型完成后，我们开始画眼妆，眼妆是汉服最重要的部分。穿袄裙的妆容以清淡为好，所以选择颜色偏淡的颜色，例如大地色，用眼影刷涂抹眼帘底部，再分别往内眼角和外眼角晕开，在外眼角眼窝三角位可加深颜色。

4. 眼部打底完成后需要画好眼线，眼线紧贴睫毛根部，从中段开始画起，拉至眼尾（可根据个人需要适当拉长或者上翘），再补充前半段眼线。根据眼睛大小，可选择画内眼线还是外眼线，若是内双或者单眼皮者，可加粗眼线。

5. 如果想让眼睛变得更加有神，那可以使用睫毛膏。为避免睫毛膏不均匀，需沿着睫毛根到睫毛尖端按“Z”型的刷法小心地向上涂刷。

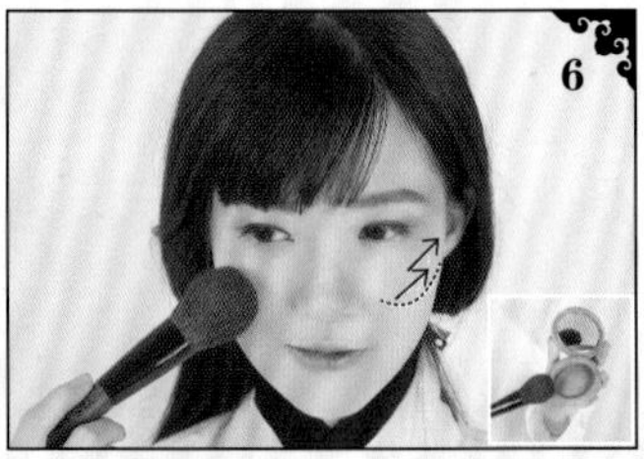

6. 根据袄裙妆容需清淡的配色，我们选了淡红的颜色作腮红。涂抹前可照着镜子微微一笑，再在苹果肌处轻轻的一扫，便能呈现出淡淡红晕。

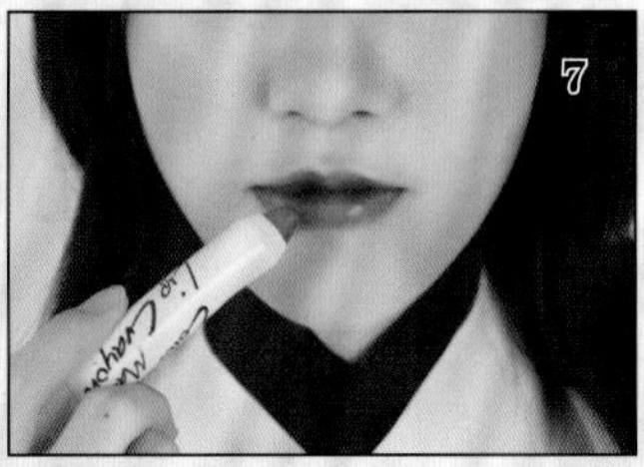

7. 在完成以上步骤后，为了让整个妆容更加活泼，我们选取橘红色的口红。沿着唇型将口红均匀地涂满，让唇型显得更加饱满。现在整个妆容便完美呈现出来啦，是不是很可爱俏皮呢？

* 本次妆容教程均为现代简单汉服基础日常妆，并非复原汉妆。

第二课

发型教程

所需工具：
一字夹 6 个以上、黑色小橡皮筋 5 条以上、发带、发簪、步摇、发梳。

1. 先将头发梳理整齐，平均分为前后两股。

2–3. 将前股平均分为左右两股，再从后股中取一小股头发，可绑得稍微紧点。如图 3。

4–5. 用黑色橡皮筋把这一小股头发扎起来，如图 4。之后，将前面的左右两股头发也分别扎成两个小马尾辫，如图 5。

6. 如图，将前面左右两边的马尾辫像麻绳一样卷起来，也可以扎成麻花辫哦。最后用橡皮筋固定。

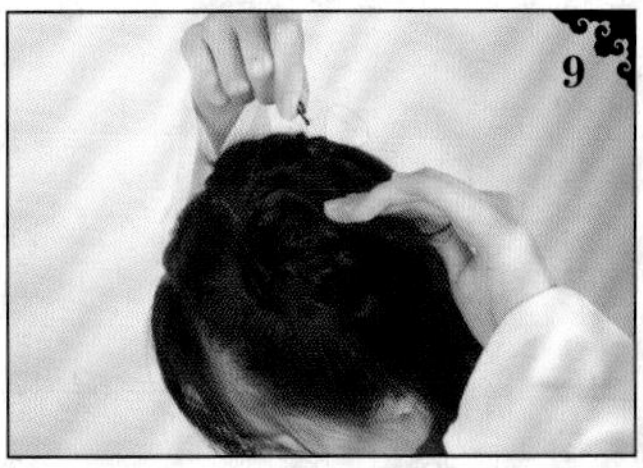

7–9. 将马尾辫向后放，一手摁住发根，一手顺时针贴发根将马尾辫绕成两个小包子形状，用发夹固定。左右两条马尾辫都是用同样的动作与方式。

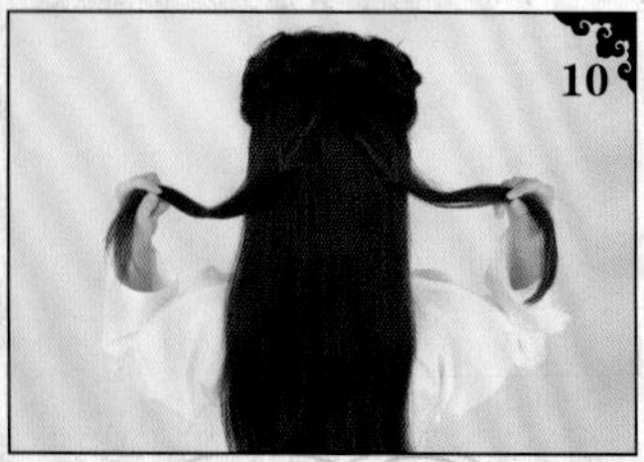

10-11. 发夹固定好前面左右两股小辫子后，如图 10，将单马尾一分为二，沿着发根卷成一个圆圈，用发夹固定，如图 11，两边同样动作。绕成蝴蝶的形状，就完成了基础的发型，需要更复杂的发型都可以由此变变变！

12. 如图，将多余的头发围成小圈再固定，两边一样。

14. 最后将发梳插好，发带系上，端庄又不失可爱的一款适合袄裙的发型就出来啦！

第三课

穿着教程

袄裙穿着注意：
袄裙的衣物准备比较简单，内里配套中衣、中裤即可。

1. 将一片式下裙摊开，一片式下裙共有四根系带，里外各一根，两端各一根。

2–3. 将右边一端的系带与左边腰侧的系带绑在一起，如图3，系好蝴蝶结。

4–5. 将左边一端的系带与腰后方的系带一齐绑好，如图5，系好蝴蝶结。此为一片式下裙的穿着方式。

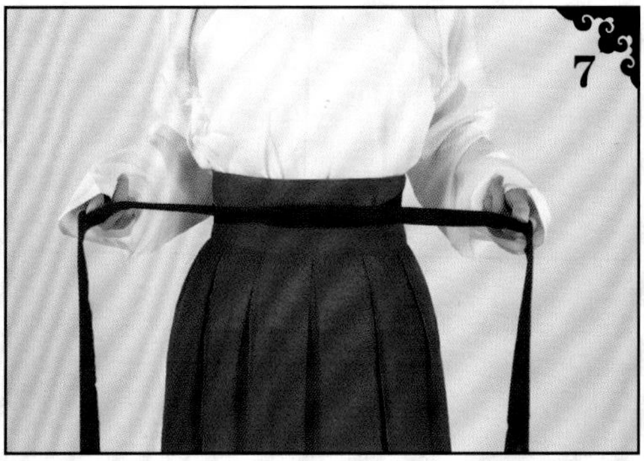

6–7. 裙子系好后将搭配的腰带就腰部围一圈，如图7，交叉。

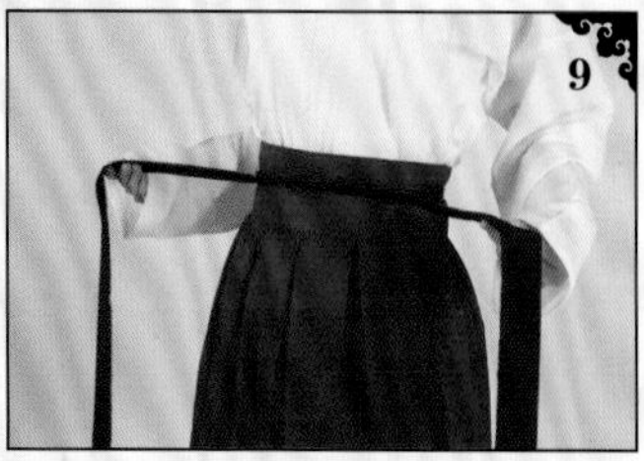

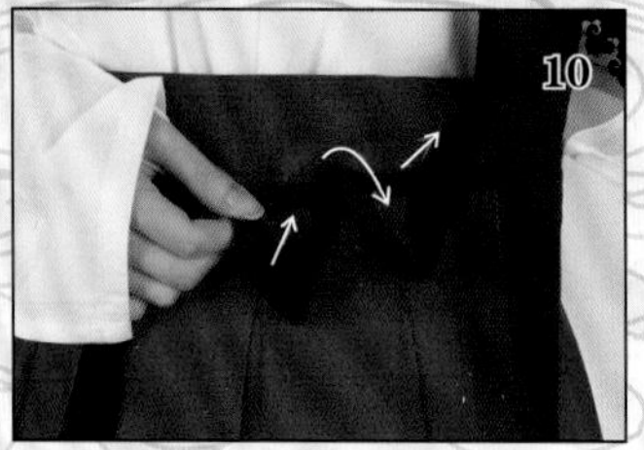

8-11. 将交叉的腰带如图 8 扭转，如图 9-11 绕成麻花结。

12-13. 在绕麻花结的基础上，如图 12 绕成一个“小耳朵”，最后效果如图 13。

14. 下裙穿好后，再整理上袄，汉服常服穿着是交领右衽。

15-16. 先将内襟的两根系带系好，如图 15。系好内襟后，再将外襟掩至右边系好系带，如图 16。袄裙的穿着方式就完成了。

木兰花慢

深山空谷，仙境寻踪。

骤雨初歇，羞露娇容。

蔓草丛生，山气朦胧。

碧玉轻绡，云裳似梦。

袅娜轻盈，醉舞清风。

莫问浮生，一剑惊鸿。

摄影师

七味

兴趣爱好：拍照、画画、喜欢吃小龙虾。

摄影代表作品：《剑侠情缘网络版叁》角色扮演照，《艳汉》角色扮演照，《蝴蝶猪》角色扮演照等。

模特

怀砚

兴趣爱好：睡觉

模特代表作品：在《剑侠情缘网络版叁》中扮演红衣教圣女探雪、长孙忘情等。

襦裙

教程由汉尚华莲汉服独家提供
模特：韵泽
摄影师：莹莹
化妆师：桃花

齐胸襦裙是对隋唐五代时期特有的一种女子襦裙装的称呼。上襦下裙的打扮是汉族的传统，汉晋以来裙子的裙腰束于腰上。而隋唐五代时期裙子的裙腰束得更高，很多都在胸上，在汉服的服装史上多称之为高腰襦裙，根据现在人们对它的考证，一般改称之为齐胸襦裙。

第一课

妆容教程

襦裙的妆容可以参考唐代的仕女妆，选色方面更需要突显少女的妩媚娇艳，以红色为主基调。在完成P36的底妆与眼妆打底、画眼线等相应步骤后，我们将从眼影开始进行下一步。

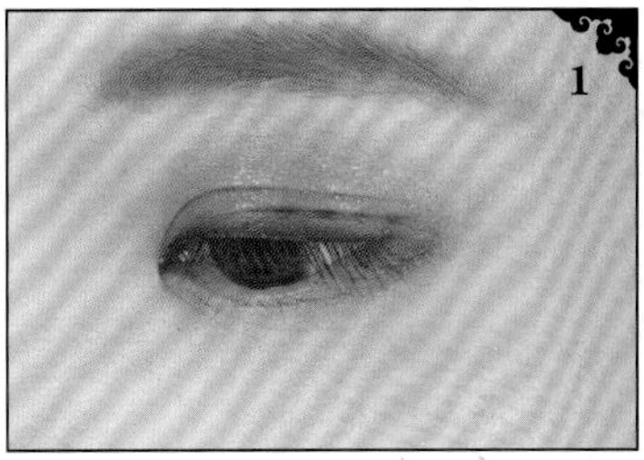

1

1. 为突显少女的活泼娇俏，这次选择莲红色带金粉的眼影，这种眼影在粉色里掺了点金闪闪的粉，特别迷人。用眼影刷沿着眼窝处涂扫，眼尾三角处稍微加深。

2

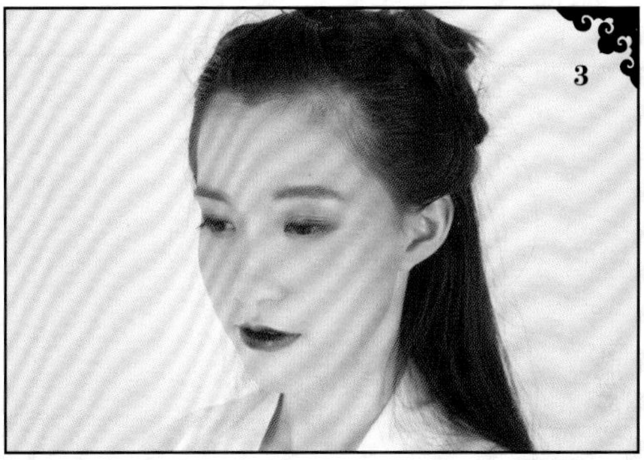

3

2–3. 再选择与眼影相近的颜色作腮红，顺着太阳穴往下，在苹果肌往上稍微靠近眼部的位置画出弯弯的形状，再用刷子将腮红与眼妆晕开，整个妆是不是呈现出一种自然的妩媚呢？

4

4. 最后的唇妆选择玫瑰红色的口红，这种颜色使唇部显得特别娇艳。还是用唇刷先画出唇型再涂满嘴唇，现在，整个妆容便完美呈现出来啦，感觉是不是妩媚中又不失霸气呢？

* 本次妆容教程均为现代简单汉服基础日常妆，并非复原汉妆。

第二课

发型教程

所需工具：
一字夹6个以上、黑色小橡皮筋6条以上、绢花、发簪、发蜡、啫喱水（用于压住枯燥的头发）、小假发包、大假发包。

1. 参考P037的第1-13的步骤，让发型呈现出如图一样的蝴蝶形状。

2. 此发型适合露出额头，如若有留小刘海，可以将刘海挽上头顶，用夹子固定。

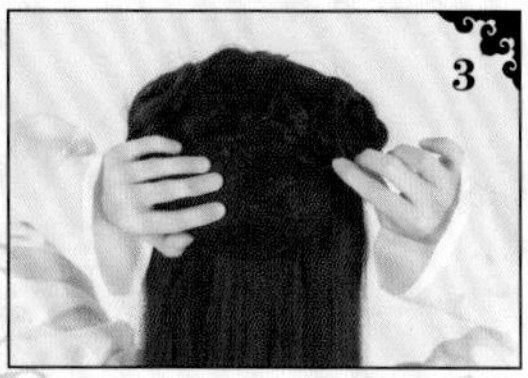

3. 将准备好的小假发包，用发夹固定在蝴蝶形状的发型上。

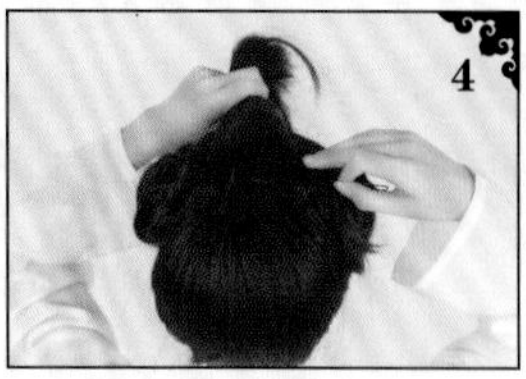

4. 如图，将后面垂下来的头发全部梳理整齐，挽起盖住发包，用发夹固定。

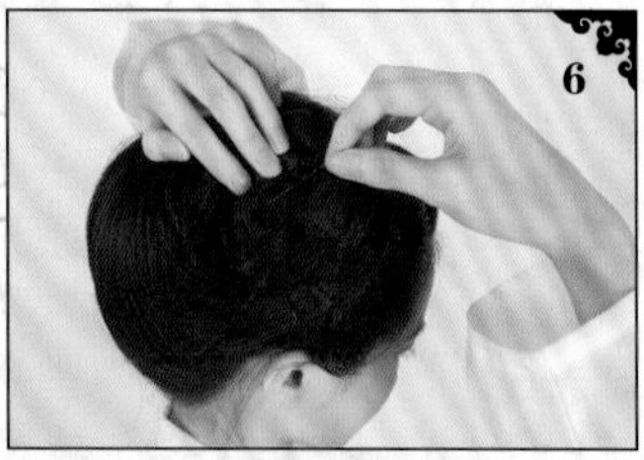

5–7. 再将多余的头发平均分成左右两股，绕成两个圈，分别固定在左右两边，如图6和7。

8–10. 最后将准备好的大假发包用发夹固定在脑勺顶部，整个发包竖立起来，插上发簪与绢花。绢花的颜色可与服饰的颜色相配，这样便大功告成啦。

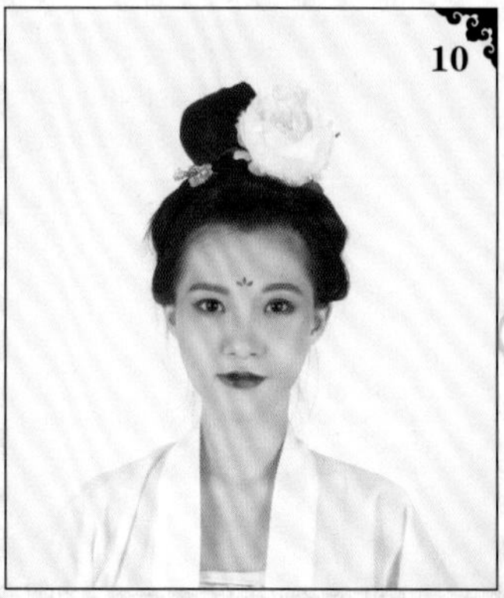

第三课

穿着教程

襦裙穿着注意：
建议襦裙搭配中衣、中裤一起穿着，可避免太透明以致走光的风险。

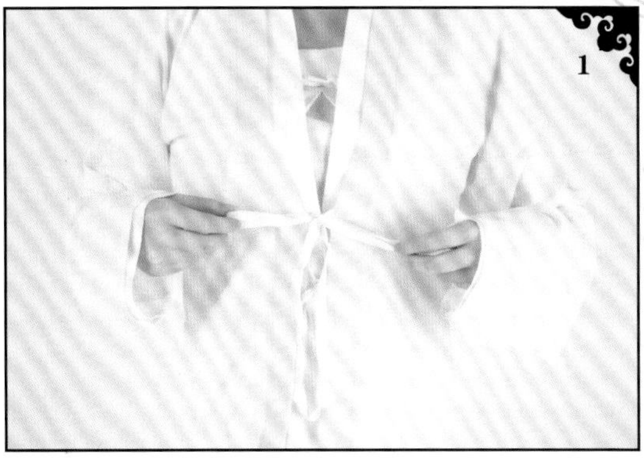
1

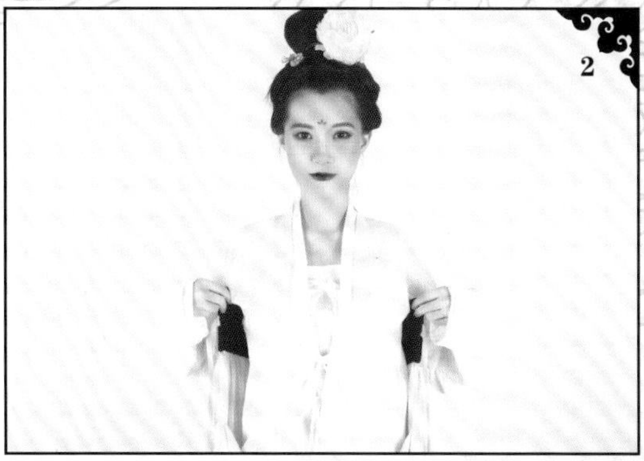
2

3

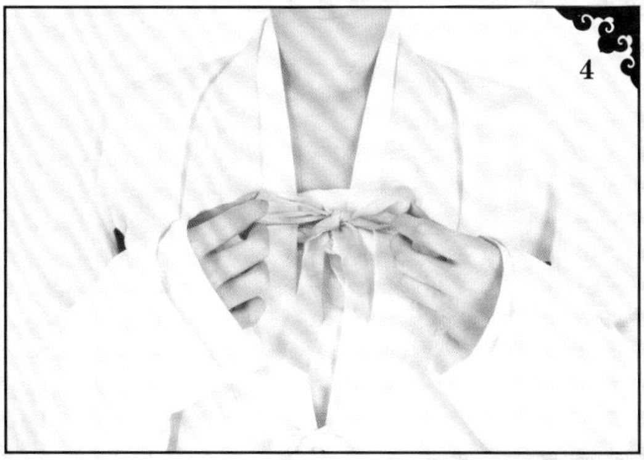
4

1-4. 齐胸襦裙分为上襦和下裙，上襦可选择对襟上襦。对襟上襦的穿着方式较为简单。第一步：先将上襦穿着整齐，然后再将衣身的两条系带系上即可。

5

5. 齐胸下裙的穿着方式也比较简单，但是想将齐胸穿好却需要花费很大的功夫。第一步：选择两片式下裙，每片都有两条长系带。将下裙套到胸部位置，将后片裙头贴紧后背，将系带绑至胸前。注意：最好先深呼吸再绑。

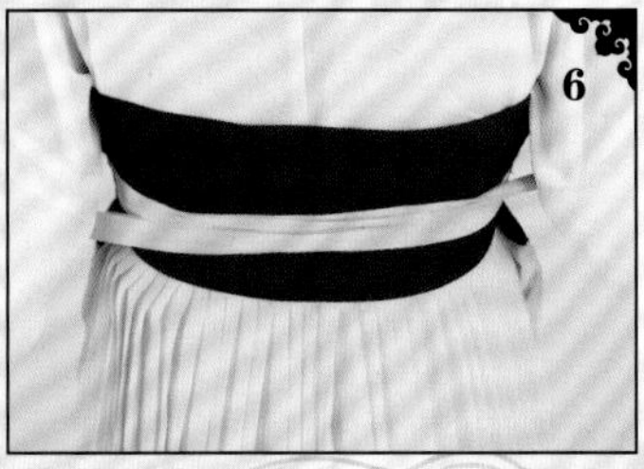

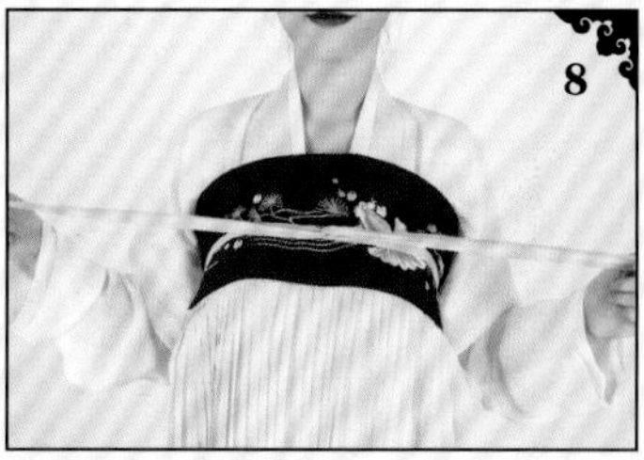

6-8. 再将前片裙头紧贴胸前，将两边长系带如图 6 般在后面交叉再绕至胸前交叉，如图 8。

9-13. 再如图 9，将多出来的系带于贴近胸部的一处绕圈，绕成麻花结，再拉紧，如图 10。最后，如图 11 与图 12 一样绕出单个“耳朵”，左边重复右边的绕法，如图 13，整个齐胸下裙便穿着整齐啦。最后搭配好大袖衫与披帛，是不是觉得很像小仙女呢？

踏莎行

窈窕逶迤，青丝鬓绾。

重回深闺院，幽思难休。

曾记否，

万里黄沙漫步走。

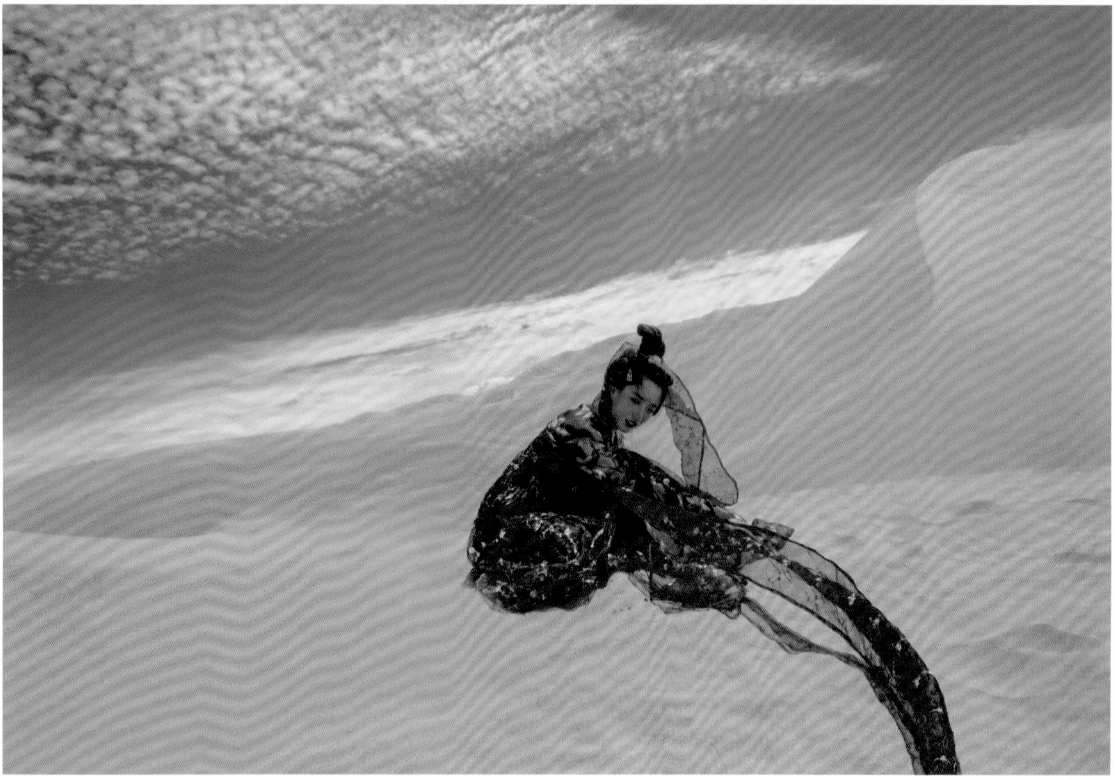

与蓝天同歌，与飞沙共舞。

墨绿衫子石榴裙，肤如凝脂透罗裳。

苍茫戈壁胜江南，
大漠无情似有情。

落日余晖，浮云霞光。
娇柔倩影，心望远方。

摄影师

哩个周

兴趣爱好：摄影、木作、建筑

摄影代表作品：《梦蝶》《沙漠故事》

模特

小乔切克闹

兴趣爱好：摄影、汉服、音乐

模特代表作品：在《青蛇》中扮演角色

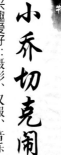

曲裾

曲裾是汉服的一种款式。按照《礼记》记载，深衣一大特点是『续衽钩边』，也就是说『这种服饰的共同特点是都有一幅向后交掩的曲裾。』

教程由汉尚华莲汉服独家提供
模特：韵泽
摄影师：莹莹
化妆师：桃花

第一课

妆容教程

曲裾相较于襦裙与袄裙，适合更加浓重传统一点的妆容，在完成 P36 的底妆基本步骤后，我们再简单讲解一下曲裾妆容的后续步骤。

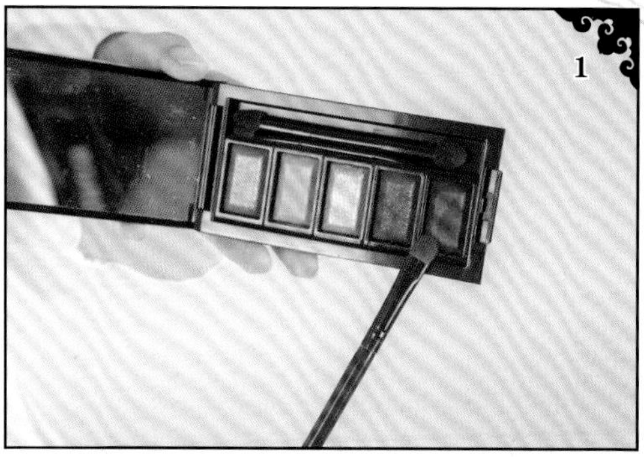

1. 配曲裾的眼影选取的颜色最好与所搭配的曲裾颜色相一致。我们这次选一个正红色，这种色调能把时妆和中国传统的红妆相融合。

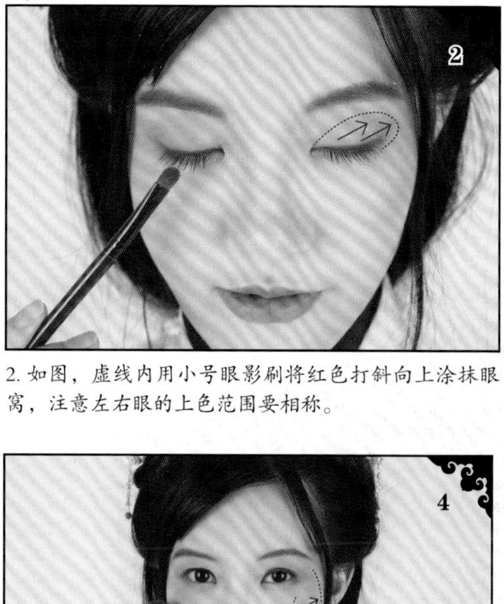

2. 如图，虚线内用小号眼影刷将红色打斜向上涂抹眼窝，注意左右眼的上色范围要相称。

3. 再用黑色眼线笔从眼角处开始，往上稍微地晕出一个拖尾的眼妆。

4. 选合适与眼妆搭配的颜色作腮红。此次选择的是桃红色，这种颜色既保留端庄气质，又能焕发出青春的气息。在苹果肌处往脸颊边轻轻扫，位置可适当地高点，接近眼尾的位置，最后呈现出典雅霸气的红妆。

5. 唇妆的颜色也要与整个妆容相一致，所以选择莹亮的红色，用唇刷顺着唇型刷口红，再涂抹均匀，让唇部显得饱满。整个面部妆容的端庄霸气便呈现出来啦。

* 本次妆容教程均为现代简单汉服基础日常妆，并非复原汉妆。

第二课

发型教程

所需工具：
一字夹 6 个以上、黑色小橡皮筋 5 条以上、小发包、假发髻、发簪、步摇、大假发片、小假发片。

1. 参考 P037 的第 1–13 的步骤，让发型呈现出如图 1 的蝴蝶形状。

2–3. 按个人和服装的需要，准备合适的假发髻，可选择这种顶端向下垂的发髻。将假发髻放于头顶，用夹子固定，如图 3。

4. 再准备一个小发包和一块大假发片，放在头顶处遮住假发髻根部，两边使用发夹固定。

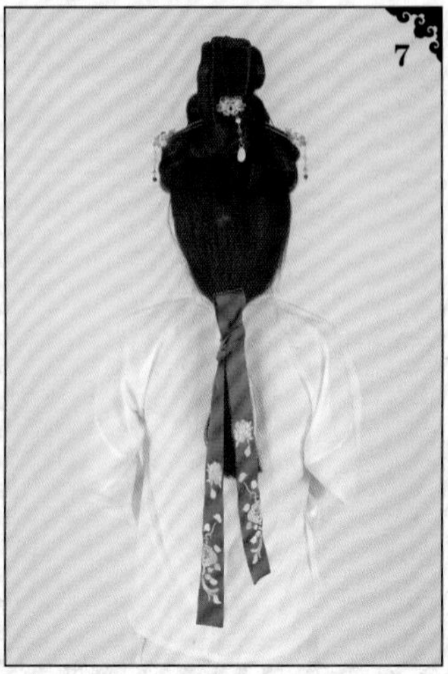

5. 再使用另外一个小假发片遮住小发包，用发夹固定。

6–7. 最后插上自己喜欢的步摇或簪子，后面披散的头发用发带系好。发带的颜色可根据服饰来选择。既端庄又优雅的曲裾发型便展现出来了。

第三课

穿着教程

曲裾穿着注意：
建议穿着曲裾之前，内里先搭配好中衣、中裙和假领，既能起到“三重衣”效果，也能起到保暖作用。

1–5. 穿着步骤为先内穿大袖衫、一片式下裙，后外套曲裾。第一步，将大袖衫整理好，右襟掩向左边，将细带打好结，效果如图 3。再将左襟掩向右边，同样打好结，整理一下领子和肩膀，效果如图 5。此为交领右衽，为常服交领上襦的穿着方式。

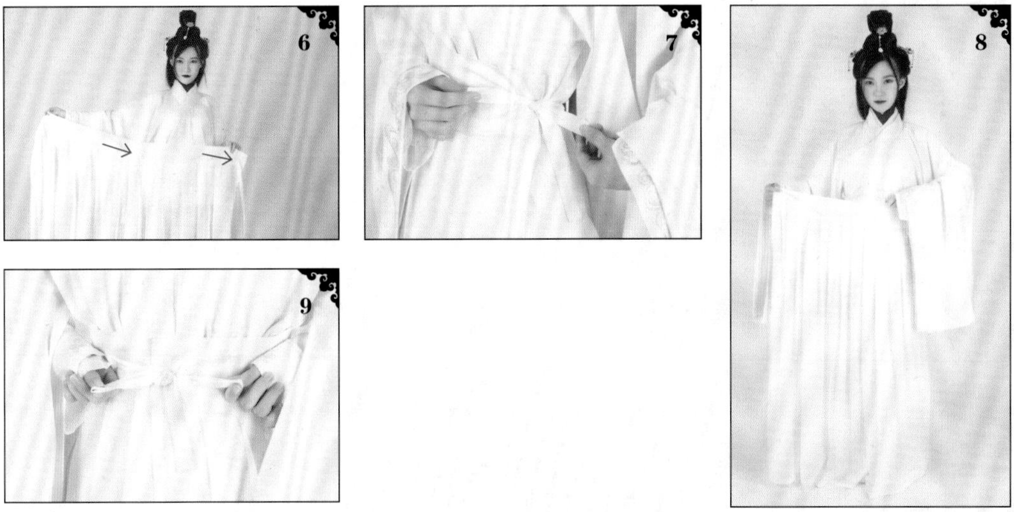

6–9. 第二步，将一片式下裙以腰右侧为终点围一圈，将系带系好蝴蝶结，再将剩余的一面围至另外一面，系好蝴蝶结。此为一片式下裙（四根系带）的穿着方式。

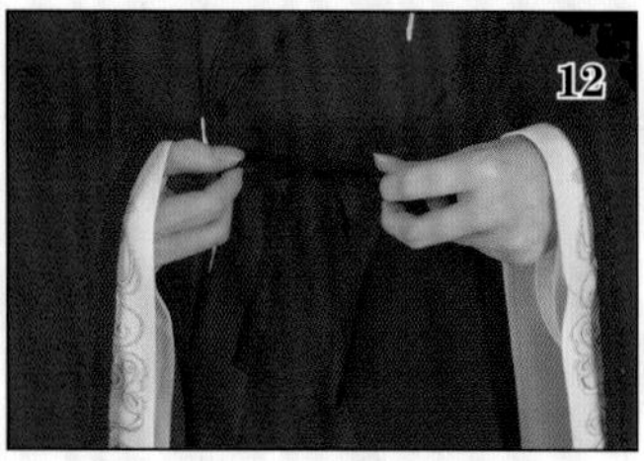

10–12. 曲裾特点为下摆绕两圈，衣裙一体，所以穿着方式与其他款式相比，较为复杂。以交领上襦穿着方式为基础，先将右襟往左掩，用系带固定好，再将左襟向右掩，用系带固定好。

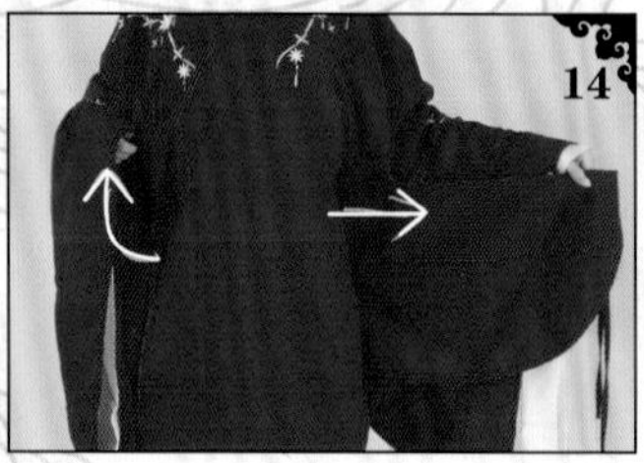

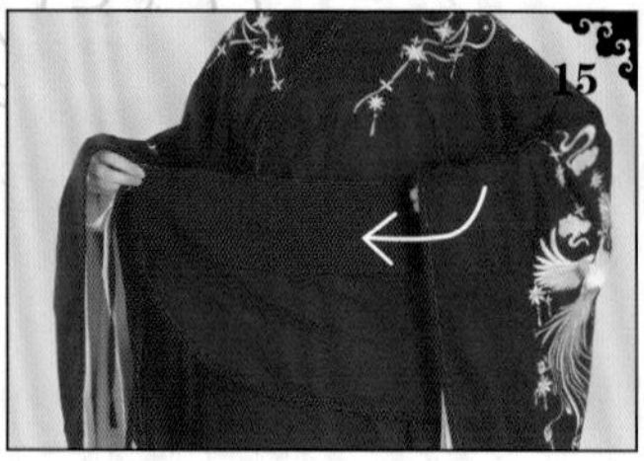

13–15. 将多出来的续衽，顺时针围绕腰部缠绕一圈半，如图 15。

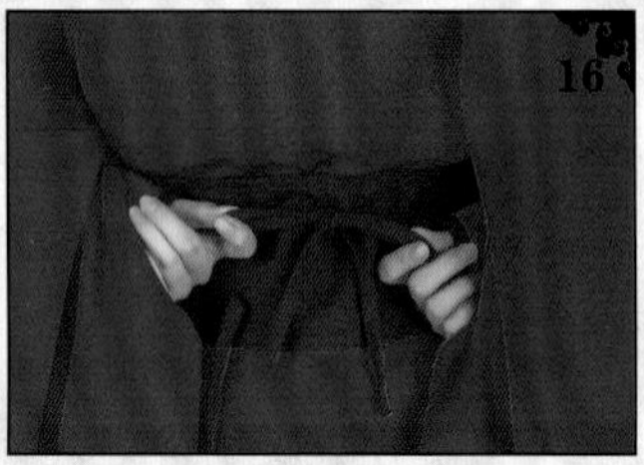

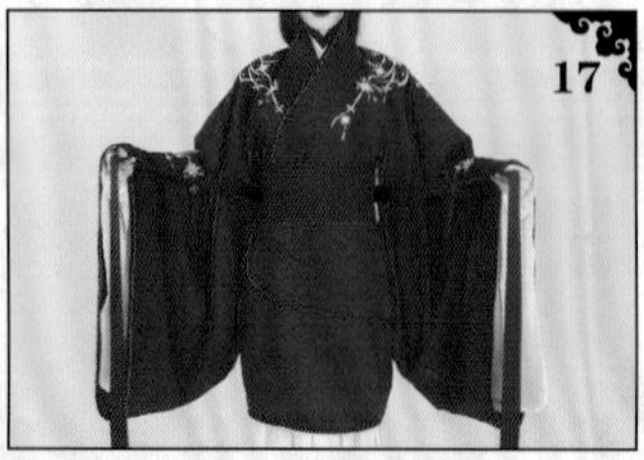

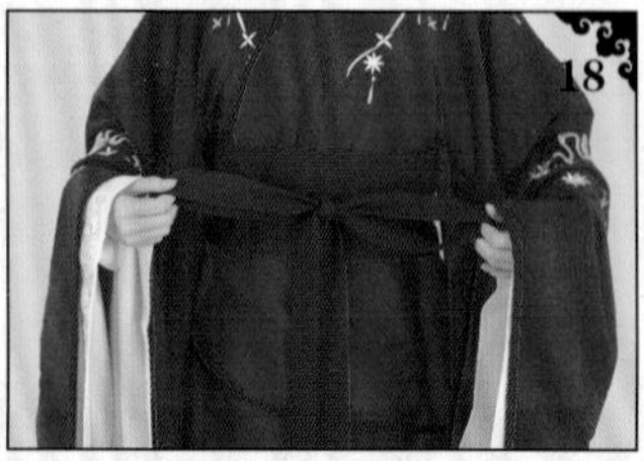

16. 续衽缠绕好腰部，理平整，系上蝴蝶结。

17–18. 最后将腰带围绕腰部，在正前端系好蝴蝶结，曲裾便穿好啦。

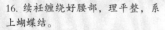

临江仙

横卧江边独饮醉，随意散发弄扁舟。

眸光流转惬意生，
笑看万物竟自由。

红尘俗世皆相忘，浩瀚烟波远离愁。

摄影师

界音

兴趣爱好：旅行

摄影代表作品：《溵水妖》《竹魅》《蝴蝶姬》

模特

陆离

兴趣爱好：绘画

模特代表作品：《锦鲤》《蝴蝶姬》

图书在版编目（CIP）数据

青青子颜 ：汉服写真集 / 漫友文化编． — 广州 ：
新世纪出版社，2016.12
ISBN 978-7-5583-0281-7

Ⅰ.①青… Ⅱ.①漫… Ⅲ.①汉族－民族服装－中国－
摄影集 Ⅳ.①TS941.742.811-64

中国版本图书馆 CIP 数据核字（2016）第 279962 号

出 版 人 孙泽军
责任编辑 傅 琨 廖晓威
责任技编 许泽璇

出 品 人 金 城
策　　划 杜凤思 梁淑敏
设计制作 罗卓妮

青青子颜 汉·服·写·真·集

Qingqing Ziyan Hanfu Xiezhenji **漫友文化 编**

出版发行 新世纪出版社
（地址：广州市大沙头四马路 10 号 邮编：510102）
策划出品 广州漫友文化科技发展有限公司
经　　销 全国新华书店
制版印刷 深圳市精彩印联合印务有限公司
（地址：深圳市宝安区松白路 2026 号同康富工业园）
规　　格 787mm×1092mm 1/16
印　　张 7.5
字　　数 30 千字
版　　次 2016 年 12 月第 1 版
印　　次 2016 年 12 月第 1 次印刷
定　　价 45.00 元